10분 완성
수프 도시락

아리가 카오루 지음 · **이은정** 옮김

푸른향기
Prunbook Publishing Co

요리 하나로 몸도 마음도 만족

수프 도시락을 시작하자

점심으로 늘 뭘 먹고 있나요?
테이크아웃이나 식당에서 간단하게 해결하는 경우가 많지 않나요?
하지만 하루의 중심에 있는 점심이니까 듬뿍, 든든하게 먹고 싶잖아요.
수프 도시락은 당신의 점심을 바꿔줄 새로운 습관입니다.

썰어서 끓이기만 하면 끝.
아침에 단 10분 만에 만들 수 있다는 간편함.
수프 도시락통 하나만 있으면 점심에 따뜻한 수프를 먹을 수 있습니다.
재료가 가득 들어간 '떠먹는 수프'만으로 충분히 든든한 한 끼가 되지만 여기에 작은 주먹밥이나 빵까지 곁들이면 최고의 점심이 되죠.
고기도 채소도 충분히 섭취할 수 있고 건강함이 가득한데다 맛도 있어요.
심지어 경제적이기까지 하다는 사실.
직접 만들어서 간도 재료도 내 마음대로 만들 수 있고 영양 관리도 하기 쉽답니다.
몸과 마음을 만족시키는 수프 도시락. 오늘부터 시작해 봐요!

수프 전용
도시락통으로
간단 해결!

수프 도시락이 아침에

1 끓인다

레시피의 기본은 재료, 물, 조미료를 작은 냄비에 같이 넣고 한 번 끓이기만 하면 돼요. 귀찮게 맛국물을 낼 필요가 없답니다! 동시다발적으로 조리하니까 허둥지둥 우왕좌왕할 필요도 없어요. 바쁜 아침에 손이 많이 가지 않고 재빠르게 만들 수 있는 수프 레시피입니다.

2 수프 전용 도

수프를 담기 전에 도시
(13쪽). 수프를 다 만들
나 숟가락으로 건더기
부으면 깔끔하게 통에
막으로 큰 건더기를 위
마세요. 뚜껑을 열었을

단 10분 만에 완성!

시락통에 담기

락통을 예열해 둡니다
었다면 먼저 젓가락이
로 옮기고 나서 국물을
넣을 수 있습니다. 마지
에 올리는 것도 잊지
때 맛있어 보인답니다.

3 점심까지 기다리기만 하면 끝!

수프 도시락통이 인기를 끄는 비결은 보온이 잘 되기 때문에 따뜻한 수프를 먹을 수 있다는 점이에요. 그리고 점심때까지 기다리는 동안 건더기 속까지 익히는 '보온 조리법'이 가능해요. 건더기가 많은 수프라면 든든한 점심 식사가 되죠. 도시락에 딱 어울리는 요리랍니다.

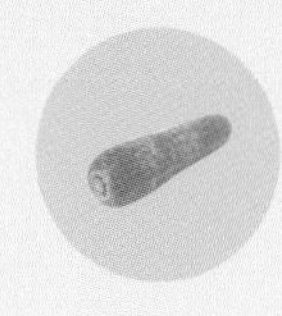

[순무]

[연어]

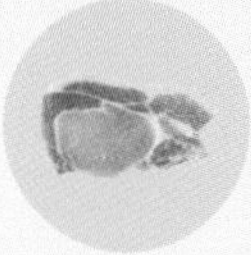

[돼지고기]

column

PART 2 봄과 여름의 수프 도시락

[양배추]

[미니토마토]

1인분이라도 맛있다!

수프 도시락의 노하우

수프 도시락통으로 만든 수프는 평상시에 만드는 수프와는 약간 다릅니다. 먼저 1인분의 소량 레시피라는 점, 거의 대부분의 레시피가 10분 이내에 만들 수 있다는 점을 차이로 들 수 있습니다. 게다가 건더기를 많이 넣으면 풍성해져서 배도 불러요.
식재료와 간의 조합, 가열하는 방법에도 아이디어를 내서 최대한 식재료의 맛을 끌어내요. 시간이 경과하면서 더욱 맛있어진다는 점도 수프 도시락의 특징 중 하나죠. 더욱 만족스러운 '수프 도시락'을 만들기 위해 먼저 레시피의 3가지 공통점부터 소개합니다.

무조건 건더기는 많이!
채소를 '먹는다'는 느낌으로

일반적인 도시락은 반찬 몇 개를 만들어 이래저래 넣지만 수프 도시락은 수프 하나만 만듭니다. 제철 채소를 맛보기 위해 한입 크기로 자르거나 가열해서 부피를 줄이는 등의 방법을 써서 가능한 한 채소의 양을 늘립니다. 건더기가 풍부한 수프니까 틀림없이 든든한 한 끼가 될 거예요.

도시락통에 들어가는 재료의 양은 주먹 크기 정도의 양(1컵 가득). 채소를 많이 사용하는 것이 중요합니다.

볶거나 끓여서 단시간에 재료의 맛을 끌어낸다

이 책의 레시피는 사용하는 재료 종류가 적은 편입니다. 대체로 2~3종류, 조미료, 물 정도죠. 여러 단계를 거쳐서 복잡하게 만드는 것이 아니라 식재료 본래의 풍미를 살리는 데 주안점을 두었어요. 기름으로 재빨리 볶거나 아주 적은 양의 물을 넣어서 뚜껑을 덮은 다음 찌듯이 익히면 맛이 풍부해집니다.

물도 최소한으로 사용하니까 약간 국물이 많은 '찌개' 같은 느낌으로. 하지만 맛은 확실하죠.

편하게 만들고 싶으니 시판 수프 재료는 사용하지 않는다

콘소메나 다시다 등은 사용하지 않아도 됩니다. 식재료와 조미료의 맛을 이용해서 만족감을 느낄 수 있다면 만드는 수고도 최소한으로 줄일 수 있습니다. 가끔 다시마나 버섯 등 맛이 강한 식재료(78쪽)를 잘 활용해 보는 것도 수프 만들기의 재미 중 하나죠.

미소된장국에도 서양식 수프에도 사용하는 다시마. 국물 맛도 내고 먹기에도 편하도록 작게 자릅니다.

따뜻하기만 한 게 아냐!

수프 도시락통의 장점

1 '보온 조리'가 가능하다!

미리 예열해서 뜨거운 수프를 넣는 것만으로 '보온 조리'가 가능해요. 장시간 끓이지 않고 몇 분만 끓여서 넣기만 하면 되니 얼마나 편해요!

2 꽉 밀봉한다

안쪽 뚜껑과 바깥쪽 뚜껑의 이중 구조라서 밀폐성이 좋지만 열고 닫기도 편하다는 점이 특징입니다. 또 분해하기도 쉽고 입구가 넓어서 구석구석 씻을 수 있어 위생적이기도 하구요.

3 점심때까지 따뜻하게

보온병 구조라서 6시간 동안 보온 효과가 지속되죠. 그래서 아침에 만든 따뜻한 수프를 점심으로 맛있게 먹을 수 있어요.

4 쌀이나 파스타도 문제없어!

수프 이외에 리소토나 죽도 넣을 수 있습니다. 생쌀이나 건조 쇼트 파스타를 끓인 물에 넣어서 보온하면 멋진 요리로 변신한답니다.

* 수프 도시락통의 보온 기능과 주의사항은 제조회사에 따라 다르므로 사전에 사용설명서를 확인하세요.

보온 노하우

도시락통에 미리 따뜻한 물을 넣어 둔다!

완성된 수프를 넣기 전에 뚜껑을 열어 뜨거운 물을 부어서 도시락통을 데워 둡니다.

도시락통을 감싼다!

보온력을 더욱 높여주는 단열재 전용 파우치를 사용해도 좋습니다. 그냥 타월로 싸는 것만으로도 전혀 다릅니다.

레시피의 규칙과 주의사항

* 이 책의 수프 레시피는 아침에 만들어서 점심에 먹는 것을 기준으로 삼고 있습니다. 만들고 나서 6시간 이내에 드시기 바랍니다. 그 이상의 시간이 지나면 수프가 차가워지거나 부패할 가능성이 있습니다.

* 전자레인지의 가열시간은 600W를 기준으로 하고 있습니다. 500W의 전자레인지를 사용할 경우에는 가열시간을 1.2배 늘리십시오. 제품에 따라 차이가 있으므로 그때그때 조절하십시오.

* 계량 기준은 다음과 같습니다. 1큰술=15㎖, 1작은술=5㎖, 한 꼬집=0.9g

* 조미료로 사용하고 있는 소금은 식염(정제염)입니다. 1작은술=6g입니다. 천연소금을 사용할 경우에는 1작은술이 소금 5g이므로 양 조절에 주의하십시오.

* 이 책에서는 내용물이 잘 보이도록 수프를 많이 넣어서 촬영했습니다. 실제로 만들 때는 도시락통 본체의 설명서에 따라 양을 조절하십시오. 너무 많이 넣으면 뚜껑을 닫았을 때 넘치거나 샐 가능성이 있습니다. 또 너무 적으면 내부 온도가 내려갈 수 있습니다.

* 수프 도시락통은 전자레인지로 가열할 수 없습니다. 또 도시락통 본체는 식기세척기를 사용하지 마십시오(뚜껑은 사용 가능).

PART
1

가을과 겨울의 수프 도시락

추운 날 점심에는 역시 따뜻한 수프!

먹으면 기쁨도 두 배가 되는 마법 같은 요리랍니다.

뿌리채소나 버섯, 소송채와 배추 같은 잎채소 등 가을과 겨울이 제철인 식재료를 주로 사용한 수프 도시락 36종류를 소개합니다. 간단 레시피 '일단 이것부터!'로 요령을 익히고 어레인지 레시피로 맛에 변화를 주세요.

캐러멜색 양파를
점심 도시락으로 맛보자!

일단 이것부터!

심플 어니언 수프

양파 1개를 통째로 사용한 수프. 흐음~ 캐러멜색 양파의 고소함이 식욕을 자극하는 먹음직스러운 수프의 절대 왕자. 장시간 볶지 않아도 숨어 있던 맛과 풍미를 맛볼 수 있어요.

재료(1인분/도시락통 300㎖)

양파 — 1개
버터 — 10g
소금 — 1/3 작은술
후추 — 약간
가루 치즈 — 1작은술

만드는 방법

1. 양파는 세로로 반을 잘라서 섬유질에 따라 얇게 썹니다.

2. 냄비에 양파와 소금을 넣은 다음 물 50㎖를 넣어서 중불로 가열합니다. 4~5분 정도 끓이고 나서 수분이 날아가면 버터를 넣어서 캐러멜색이 될 때까지 볶습니다.

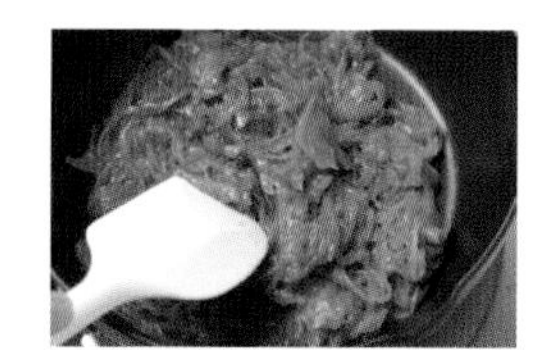

3. 물 200㎖를 넣고 끓인 후 후추를 뿌리고 도시락통에 담습니다. 가루 치즈는 먹을 때 뿌리므로 랩에 싸둡니다.

POINT 캐러멜색 양파는 처음에 물을 소량 넣어서 끓이면 금방 만들 수 있습니다. 팬 전체에 펼쳐서 가능한 만지지 않고 타기 시작할 때 소량의 물을 추가합니다. 이것을 반복해서 양파를 캐러멜색으로 만들어갑니다.

2

빵을 넣은 어니언 수프

심플 어니언 수프보다도 더 든든한 수프. 딱딱한 빵이라도
수분을 흡수하기 때문에 먹기 편해져요.

재료(1인분/도시락통 300㎖)
양파 — 대 1/2개
버터 — 10g
소금 — 한 꼬집
후추 — 약간
바게트(슬라이스) — 1개

만드는 방법

1. 양파는 섬유질에 따라 얇게 썹니다.
바게트는 오븐 토스터로 색이 바뀔 때까지 굽습니다.

2. 냄비에 양파와 소금을 넣고 물을 50㎖ 넣은 후 강한 불로 가열합니다.
4~5분 정도 끓여서 수분이 날아가면 버터를 추가해 색이 바뀔 때까지 볶습니다.

3. 물 200㎖를 넣고 끓인 후 후추를 뿌립니다.
도시락통에 넣고 바게트를 약간 누르면서 올린 다음 그 위에 치즈를 올립니다.

양파가 가득 들어간 비프스튜

보글보글 끓이지 않아도 되는 간편 스튜를 수프 도시락통으로 만들 수 있습니다.
캐러멜색 양파로 즉석요리의 맛이 한층 고급스러워집니다.

재료(1인분/도시락통 300㎖)
양파 — 대 1/2개
당근 — 2cm
구이용 쇠고기(좋아하는 부분) — 60g
건표고버섯(물에 불린 것) — 약간 1/2개
버터 — 10g
소금 — 한 꼬집
데미글라스 소스(캔 또는 즉석요리용) — 3큰술(50g)
파슬리 — 적당량

만드는 방법

1. 양파는 섬유질에 따라 얇게 썹니다.
당근과 건표고버섯은 먹기 쉬운 크기로 자릅니다.

2. 냄비에 양파와 소금을 넣고 물 50㎖를 추가해 강한 불로 가열합니다.
4~5분 정도 끓여서 수분이 날아가면 버터를 추가해 색이 바뀔 때까지 볶습니다.

3. 당근과 물 100㎖를 넣고 2분, 쇠고기와 건표고버섯을 넣고 2분 끓입니다.
데미글라스 소스를 넣은 다음 도시락통에 넣습니다.
취향에 따라 파슬리를 랩에 싸두었다가 먹을 때 올립니다.

POINT 볶은 양파를 많이 만들어서 냉동고에 넣어두면 언제든지 사용할 수 있어서 편합니다.
비프스튜도 순식간에 만들 수 있답니다.

'흰색 양파'는 일본식 요리에도 사용할 수 있어요!

일단 이것부터!

양파와 다진 쇠고기를 넣은 소금 수프

양파를 색이 변하지 않을 만큼만 볶아서 식감을 남기는 조리법으로 만듭니다.
찌듯이 볶아 달달해진 흰색 양파에 다진 쇠고기가 착착 감깁니다.
금방 수확한 양파를 사용하면 더 맛있습니다.

재료(1인분/도시락통 300㎖)
양파 —— 1/2개
다진 쇠고기 —— 50g
소금 —— 한 꼬집
간장 —— 1작은술
식용유 —— 2작은술
후추 —— 약간

만드는 방법

① 양파는 8mm 두께로 통썰기를 합니다.

② 냄비에 양파와 소금, 물 50㎖를 넣고 뚜껑을 덮은 다음 중불로 가열해서 찜을 찌듯 조리합니다. 3분 지나고 나서 뚜껑을 열고 수분을 날린 다음 식용유를 넣습니다.

③ 다진 쇠고기와 간장을 작은 볼에 넣고 물 150㎖로 풀어서 ②의 냄비에 넣은 다음 끓입니다. 올라온 거품을 걷어 내고 도시락통에 넣고 후추를 뿌립니다.

POINT 양파는 통썰기를 하듯 섬유질에 수직으로 자르면 부드럽고 촉촉한 식감이 됩니다! 찜 조리법으로 자극적인 향도 사라집니다.

양파와 토마토가 들어간 카레 수프 

산뜻한 맛의 카레 스타일 수프. 카레 루를 넣으니까 소금을 줄입니다.

재료(1인분/도시락통 300㎖)

양파 —— 1/2개
다진 쇠고기 —— 50g
미니토마토 —— 3개
소금 —— 한 꼬집
카레 루(파우더를 사용하면 편리)
—— 1과 1/2큰술
식용유 —— 2작은술
후추 —— 약간

만드는 방법

1. 양파는 8㎜ 두께로 통썰기를 합니다. 미니토마토는 반으로 자릅니다.
2. 냄비에 양파와 소금, 물 50㎖를 넣고 뚜껑을 덮은 다음 중불로 가열해서 찜을 찌듯 조리합니다. 3분 지나고 나서 뚜껑을 열고 수분을 날린 다음 식용유와 미니토마토를 넣고 1~2분 볶습니다.
3. 다진 쇠고기를 물 100㎖에 풀어서 ②의 냄비에 넣은 다음 끓입니다. 카레 루를 넣고 녹으면 후추를 뿌리고 도시락통에 넣습니다.

쇠고기 간장 조림식 수프 6

달콤하고 짭짤하게 감자와 같이 조리해요. 돼지고기를 사용해도 맛있어요.

재료(1인분/도시락통 300㎖)

양파 —— 1/4개
쇠고기 슬라이스 —— 50g
감자 —— 소 1/2개
소금 —— 한 꼬집
간장 —— 1과 1/2작은술
설탕 —— 1작은술
식용유 —— 2작은술

만드는 방법

1. 양파는 8㎜ 두께로 통썰기를 합니다.
감자는 3등분으로 자릅니다.

2. 냄비에 양파와 소금, 물 50㎖를 넣고 뚜껑을 덮은 다음 중불로 가열해서 찜을 찌듯 조리합니다.
3분 지나고 나서 뚜껑을 열고 수분을 날린 다음 식용유와 감자를 넣고 볶습니다.

3. 쇠고기, 간장, 설탕을 볼에 넣고 물 150㎖에 풀어서 (2)의 냄비에 넣은 다음 끓입니다.
끓고 나서 도시락통에 넣습니다.

닭고기의 찰진 맛과 당근의 달콤함이 멋지게 콜라보

일단 이것부터!

7

당근과 샐러드 치킨을 넣은 수프

샐러드 치킨과 당근으로 온 샐러드 스타일의 수프를 만들어 봐요.
채썰기를 하면 당근이 더욱 달달해집니다.

재료(1인분/도시락통 300㎖)

당근 —— 1/3개
샐러드 치킨 —— 40g
식용유 —— 40g
소금 —— 1/3작은술
우유 —— 2큰술

만드는 방법

1. 당근은 슬라이서로 채썰기를 합니다.
샐러드 치킨은 한입 크기로 찢어 둡니다.

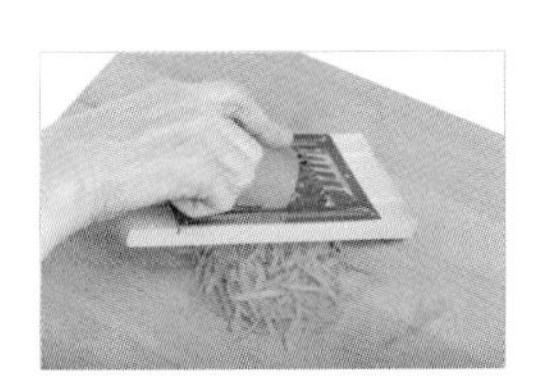

2. 냄비에 식용유와 당근을 넣고 중불로 3분 정도 볶습니다.
(도중에 탈 것 같으면 물을 약간 넣습니다.)

3. 샐러드 치킨과 물 150㎖, 소금을 넣고 1~2분 끓입니다.
마지막으로 우유를 넣은 다음 도시락통에 담습니다.

POINT 채썰기를 빨리, 편하게 하려면 슬라이서를 사용하세요. '당근 채썰기 전용 슬라이서'를 이용하면 맛이 더 잘 스며들어서 좋아요. 껍질은 안 벗겨도 됩니다.

당근과 파슬리를 넣은 카레 수프

당근과 샐러드 치킨을 넣은 수프에 카레 파우더와 파슬리로 향을 더해요.
파슬리를 많이 넣으면 더 맛있어요.

재료(1인분/도시락통 300㎖)
당근 —— 1/3개
샐러드 치킨 —— 40g
파슬리 —— 3송이
식용유 —— 2작은술
소금 —— 1/3작은술
우유 —— 2큰술
카레 파우더 —— 1/2작은술

만드는 방법

1. 당근은 슬라이서로 채썰기를 합니다. 파슬리는 다집니다.
샐러드 치킨은 한입 크기로 찢어 둡니다.

2. 냄비에 식용유와 당근을 넣고 중불로 2~3분 정도 볶습니다.

3. 샐러드 치킨과 물 100㎖, 소금을 넣고 끓입니다.
끓으면 다진 파슬리와 우유, 카레 파우더를 넣어 다시 한 번 가열한 후
도시락통에 담습니다.

POINT 당근은 단맛이 나올 때까지 볶습니다.
소량인 경우에는 타기 쉬우므로 도중에 물을 조금씩 넣습니다.

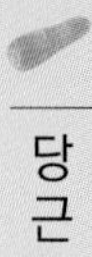

당근과 유부를 넣은 일본식 수프

유부를 사용하니까 맛국물을 따로 낼 필요가 없어요. 게다가 볼륨감도 만점이죠.
고기를 넣지 않아도 아주 든든한 한 끼 식사가 될 거예요.

재료(1인분/도시락통 300㎖)

당근 —— 1/3개
유부 —— 1/2장
더우미아오(완두순) —— 약간
참기름 —— 2작은술
소금 —— 1/3작은술

만드는 방법

1. 당근은 슬라이서로 채썰기를 합니다.
더우미아오는 반으로 자릅니다.
유부는 폭 1㎝의 직사각형으로 자릅니다.

2. 냄비에 참기름과 당근을 넣고 중불로 2~3분 정도 볶습니다.
유부, 물 200㎖, 소금을 넣고 끓입니다.
더우미아오를 넣은 후 불을 끄고 도시락통에 담습니다.

POINT 더우미아오는 가열해도 아삭한 식감이 그대로 유지되므로 수프 도시락에 딱 쓰기 좋은 식재료입니다. 손으로 찢어서 넣으면 색감도 훨씬 좋아지죠.

토마토 맛으로
푸른 잎 채소를 먹는다

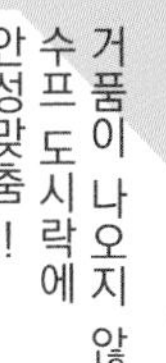

소송채

거품이 나오지 않아서
수프 도시락에
안성맞춤!

일단 이것부터!

10

소송채와 돼지고기를 넣은 케첩 수프

토마토나 토마토 가공 캔이 없어도 돼요. 케첩만으로 토마토 맛을 낼 수 있거든요.
구운 돼지고기의 감칠맛이 수프 국물에 쏙쏙 들어가 있어요.

재료(1인분/도시락통 300㎖)

소송채 —— 1/4다발
돼지고기 안심 슬라이스(생강구이용) —— 60g
케첩 —— 2큰술
소금 —— 한 꼬집
올리브오일 —— 2작은술

만드는 방법

1. 소송채는 뿌리를 잘라 내고 폭 4㎝로 자릅니다.
돼지고기는 폭 2㎝로 자릅니다.

2. 올리브 오일을 넣은 냄비를 중불로 달구고 나서 고기를 넣습니다. 고기는 뒤적거리지 않고 앞뒷면이 갈색으로 변할 때까지 잘 익힙니다. 불을 끄고 케첩을 넣고 나서 다시 한 번 중불로 1분 정도 가열합니다.

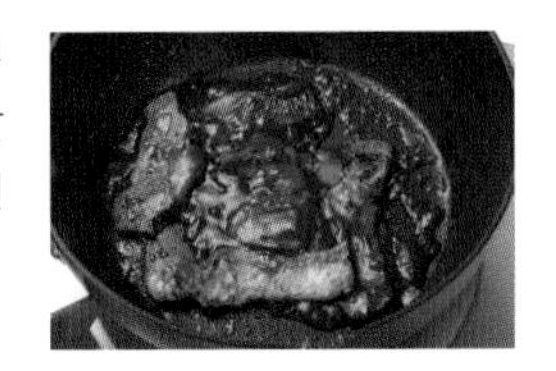

3. 소송채와 물 150㎖를 넣고 끓인 후 거품을 걷어냅니다.
소금으로 간을 한 후 도시락통에 넣습니다.

POINT 고기는 갈색으로 변한 부분이 감칠맛을 내므로 고기를 구울 때 가능한 한 갈색이 될 때까지 굽는 것이 맛을 내는 비결입니다. 케첩을 넣으면 튈 수 있으므로 일단 불을 끕니다.

찰보리와 다진 닭고기를 넣은 리소토 11

찰보리로 포인트를 준 리소토를 닮은 수프입니다.

재료(1인분/도시락통 300㎖)

소송채 —— 1/4다발
다진 닭고기 —— 30g
찰보리 —— 2큰술
케첩 —— 2큰술
올리브오일 —— 1작은술

만드는 방법

1. 소송채는 뿌리를 잘라 내고 잘게 썹니다.
2. 냄비에 올리브오일, 다진 닭고기, 케첩을 넣고 섞으면서 중불로 1분 정도 가열합니다.
3. 소송채와 찰보리, 물 200㎖를 넣고 끓인 후 도시락통에 넣습니다.

소송채와 달걀말이가 들어간 수프 12

달걀은 풀지 않고 구운 것을 올리면 존재감을 드러내죠.

재료(1인분/도시락통 300㎖)

소송채 —— 1/4 다발
달걀 —— 1개
녹말 —— 1/3 작은술
소금 —— 1/3 작은술
참기름 —— 2 작은술

만드는 방법

1. 소송채는 뿌리를 잘라 내고 폭 2㎝로 자릅니다. 달걀을 풀고 소금 한 꼬집(분량 외)과 녹말가루를 넣은 후 잘 섞습니다.

2. 프라이팬에 소송채와 물 2큰술, 소름을 넣고 뚜껑을 덮은 후 중불로 찝니다. 2분 정도 지나고 나서 물 150㎖를 넣은 후 끓여서 도시락통에 넣습니다(뚜껑을 덮어 둡니다).

3. 프라이팬에 참기름을 두르고 ①의 달걀을 넣습니다. 젓가락을 크게 섞고 접어서 달걀말이를 만듭니다. ②에 올립니다.

맛의 숨은 지원병인
설탕과 깨소금의 멋진 팀워크

일단 이것부터!

브로콜리와 튀긴 두부 아쓰아게를 넣은 깨미소된장국

13

한입에 쏙 들어가는 크기로 자른 브로콜리와 찢은 튀긴 두부 아쓰아게.
참깨를 가득 뿌리면 평소의 미소된장국과는 좀 다른 감각을 맛볼 수 있어요.

재료(1인분/도시락통 300㎖)
브로콜리 — 1/3개
튀긴 두부 아쓰아게 — 1/3개
설탕 — 1/2작은술
미소된장 — 1큰술
깨소금 — 1큰술
식용유 — 1작은술

만드는 방법

1. 브로콜리는 송이별로 나누고 큰 것은 반으로 자릅니다.
밑동부분은 길이 2~3㎝, 폭 1㎝로 자릅니다.
튀긴 두부 아쓰아게는 적당히 찢습니다.

2. 냄비에 브로콜리, 튀긴 두부 아쓰아게, 식용유, 설탕, 물 50㎖를 넣고 뚜껑을 덮습니다. 중불로 3분 동안 가열합니다.

3. 물 150㎖를 넣어서 끓입니다.
미소된장을 푼 다음 도시락통에 넣습니다. 참깨를 뿌립니다.

POINT 깨소금은 언제든지 사용할 수 있게 스톡을 해 두면 좋습니다.
수프나 미소된장국, 다른 요리의 맛을 한층 돋보이게 하는 만능 재료거든요.
직접 만들면 향이 더욱 고소합니다.

브로콜리와 토마토를 넣은 산라탕

신맛과 매운맛에 매료되는 중국의 인기 수프를 재현합니다.
식초 대신으로 토마토의 신맛을 사용하는 것이 특징입니다.

재료(1인분/도시락통 300㎖)

브로콜리 —— 3송이
튀긴 두부 아쓰아게 —— 1/3개
미니토마토 —— 3개
건표고버섯 —— 소1개
설탕 —— 1/2작은술
소금 —— 1/2작은술
참기름 —— 1작은술
고추기름 —— 약간

만드는 방법

1. 튀긴 두부 아쓰아게는 2~3cm 정도로 깍둑썰기를 합니다.
미니토마토, 브로콜리는 반으로 자릅니다.
건표고버섯은 밑동을 떼고 손으로 한입 크기로 자릅니다.

2. 냄비에 고추기름 이외의 재료와 물 200㎖를 넣고 뚜껑을 덮은 다음
중불로 3~4분 동안 끓입니다.

3. 도시락통에 넣고 고추기름을 뿌립니다.

POINT 신맛을 좋아하면 식초를 약간만 더 추가하세요.
고추기름 대신 후추를 많이 뿌려도 맛있답니다.

15

브로콜리와 새우를 넣은 카레 수프

카레 맛이 나는 프티 에스닉 수프. 튀긴 두부 아쓰아게로 감칠맛을 더해요.

재료(1인분/도시락통 300㎖)

브로콜리 —— 3송이
튀긴 두부 아쓰아게 —— 40g
냉동 새우 —— 50g
식용유 —— 1작은술
카레 파우더 —— 1작은술
소금 —— 1/3작은술

만드는 방법

1. 브로콜리는 반으로 자릅니다.
   튀긴 두부 아쓰아게는 1㎝ 두께로 얇게 썹니다.
   새우는 해동합니다.

2. 냄비에 카레 파우더와 소금 이외의 재료와 물 150㎖를 넣고 뚜껑을 덮은 다음 중불로 3분 동안 가열합니다.

3. 물 50㎖를 더 넣고 끓인 후 카레 파우더와 소금을 넣고 도시락통에 담습니다.

POINT 냉동 새우 대신 냉동 해산물 믹스를 사용해도 됩니다.
완전히 해동될 때까지 기다리지 말고 약간 서리가 끼여 있을 때 물로 씻으면 해산물의 독특한 냄새를 제거할 수 있습니다.

대파의 단맛을 닭고기의 기름이 살려줘요

대파

가열하면 단맛과 감칠맛이 두 배!

일단 이것부터!

대파와 닭 껍질을 넣은 소금 수프

얇게 썬 대파를 볶아서 단맛과 감칠맛을 끌어냅니다.
생강을 넣어서 닭 껍질의 냄새를 제거해요.

재료(1인분/도시락통 300㎖)

대파(흰색 부분) ── 2/3개
닭 껍질 ── 1장 정도
생강 ── 1개
소금 ── 1/3작은술
후추 ── 약간

만드는 방법

1. 대파는 어슷썰기를 하고 생강은 채썰기를 합니다. 닭 껍질은 잘게 썰어 둡니다.

2. 냄비에 대파를 펼쳐서 넣고 물을 1큰술 더해서 뚜껑을 닫고 중불로 2분 정도 찝니다. 뚜껑을 열고 수분을 날립니다.

3. 물 150㎖를 넣어서 끓입니다.
미소된장을 푼 다음 도시락통에 넣습니다.
참깨를 뿌립니다.

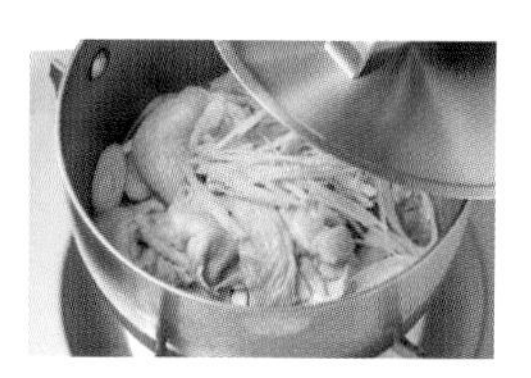

POINT 닭 껍질은 닭다리살이나 가슴살에 붙어 있는 것을 벗겨서 사용합니다.
주방칼보다 주방용 가위를 사용하면 편리합니다!

대파와 돼지와 김치를 넣은 수프

밥과 같이 먹으면 너무 맛있는 매운맛 찌개 스타일의 수프.
김치의 오묘한 감칠맛과 매운맛이 수프의 맛을 결정합니다.

재료(1인분/도시락통 300㎖)
대파(흰색 부분) —— 2/3개
돼지고기 —— 50g
생강 —— 1개
김치 —— 30g
소금 —— 한 꼬집

만드는 방법

1. 대파는 어슷썰기를 하고 생강은 채썰기를 합니다.
돼지고기는 먹기 좋은 크기로 잘라 둡니다.

2. 냄비에 대파와 생강, 물 1큰술 넣은 다음 뚜껑을 닫고 중불로 2분 정도 끓입니다.
뚜껑을 열고 수분을 날립니다.

3. 물 150㎖와 돼지고기를 넣은 다음 4~5분 정도 끓입니다.
김치를 넣습니다. 소금으로 간을 한 후 도시락통에 담습니다.

POINT 김치는 숙성이 된 것을 사용해도 됩니다.
남은 김칫국물과 배추 이외의 채소를 같이 넣어 보세요.

대파 구이와 닭고기를 넣은 수프

대파를 약간 태우면 감칠맛이 더더욱 좋아집니다!
버섯을 넣어도 좋아요.

재료(1인분/도시락통 300㎖)

대파(흰색 부분) —— 2/3개
닭고기 —— 50g
생강 —— 1개
간장 —— 2작은술
참기름 —— 2작은술

만드는 방법

1. 대파는 어슷썰기를 하고 생강은 얇게 저밉니다.
닭고기는 작게 잘라 둡니다.

2. 냄비에 참기름을 둘러서 달군 후 대파와 생강을 넣습니다.
처음에는 너무 뒤적거리지 않습니다. 파가 살짝 탈 때까지 기다립니다.

3. 물 200㎖와 닭고기를 넣은 다음 3~4분 정도 끓입니다.
간장으로 간을 한 후 도시락통에 담습니다.

POINT 살짝 탄 대파가 감칠맛을 내는 역할을 합니다.
너무 태운 거 아닌가 싶을 때까지 구워주세요.

두 종류 버섯으로 맛이 두 배!

일단 이것부터!

버섯과 쇠고기를 넣은 수프

새송이버섯은 통썰기를 하면 식감이 변하고 맛도 달라집니다.
간은 맛간장으로 하면 쉬워요. 밥도둑이 될 수프죠.

재료(1인분/도시락통 300㎖)
잎새버섯(없을 경우 느타리버섯)과 새송이버섯 —— 합쳐서 100g
얇게 저민 쇠고기 슬라이스 —— 60g
맛간장 —— 1큰술
식용유 —— 2작은술

만드는 방법

1. 잎새버섯은 먹기 좋은 크기로 찢습니다.
새송이버섯은 얇게 통썰기를 합니다(너무 크면 반달모양으로).

2. 냄비에 기름을 두르고 달굽니다.
1의 버섯을 볶은 다음 물 200㎖와 맛간장을 넣은 후 끓입니다.

3. 쇠고기를 펼쳐서 2의 냄비에 넣고 한 번 끓인 다음 도시락통에 담습니다.

POINT 버섯을 볶을 때는 너무 뒤적거리지 않습니다.
잘 구워지면 감칠맛이 더해집니다.

20

버섯과 두부를 넣은 탕탕 수프

버섯을 가득 다지듯 썰어서 다진 고기처럼 사용합니다.
깨소금과 두유로 맛을 부드럽게 해 주는 것이 포인트입니다.

재료(1인분/도시락통 300㎖)

잎새버섯(없을 경우 느타리버섯)과 새송이버섯 —— 합쳐서 100g
두부 —— 30g
두유 —— 50㎖
맛간장 —— 1큰술
깨소금 —— 1작은술
참기름 —— 2작은술
고추기름 —— 약간

만드는 방법

1. 버섯은 잘게 썰어 둡니다.
   두부는 폭 1㎝로 자릅니다.

2. 냄비에 참기름을 두르고 달굽니다.
   1의 버섯을 볶은 다음 물 150㎖와 맛간장을 넣은 후 끓입니다.

3. 두부와 두유를 넣고 데웁니다.
   깨소금과 고추기름을 넣은 후 도시락통에 담습니다.

POINT 두유를 넣은 후에는 팔팔 끓이지 않습니다!
뽀끔뽀끔하고 막 끓으려고 할 때 불을 끕니다.

버섯과 토마토를 넣은 현미 리소토

현미를 생으로 넣기만 한 간단 & 헬시 리소토.
토마토 페이스트는 소량이라도 토마토 맛이 진하게 납니다.

재료(1인분/도시락통 300㎖)
만가닥버섯과 새송이버섯 —— 합쳐서 100g
토마토 페이스트 —— 1큰술
발아현미 —— 2큰술
소금 —— 1/3작은술
올리브오일 —— 2작은술

만드는 방법

1. 만가닥버섯은 밑뿌리를 자르고 반으로 썰어 둡니다.
   새송이버섯은 잘게 자릅니다.

2. 냄비에 올리브오일을 두르고 달굽니다.
   ①을 중불로 볶고 숨이 죽고 부피가 줄어들면 토마토 페이스트를 넣어서 섞습니다.

3. 물 200㎖와 현미, 소금을 넣고 끓인 다음 도시락통에 담습니다.

POINT 토마토 가공품은 종류가 다양합니다.
물을 넣고 끓인 종류로는 홀 토마토 & 컷 토마토, 체에 걸러서 졸인 종류로는 토마토 퓌레, 졸여서 맛이 진한 것으로는 토마토 페이스트가 있습니다.
이 책에서는 감칠맛을 강하게 낼 수 있는 토마토 페이스트를 사용하고 있습니다.

크리미한 식감에
저도 모르게 미소 짓게 돼요

일단 이것부터!

22

단호박과 닭고기를 넣은 두유 스튜

식감이 부드러운 스튜입니다.
끓이면 단호박이 녹아 예쁜 노란색이 됩니다.

재료(1인분/도시락통 300㎖)

단호박(씨를 제거한 것) —— 100g
닭고기 가슴살 —— 60g
두유 —— 150㎖
식용유 —— 2작은술
소금 —— 1작은술

만드는 방법

1. 단호박은 2cm 크기로 깍둑썰기를 합니다.
닭고기도 동일한 크기 정도로 자릅니다.

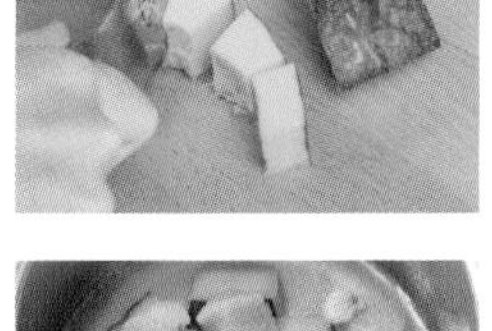

2. 냄비에 단호박, 닭고기, 식용유, 물 100㎖를 넣은 다음 뚜껑을 닫고 3~4분 동안 중불로 끓입니다.

3. 뚜껑을 열어 두유와 소금을 넣고 가열하다가 끓기 직전에 불을 끄고 도시락통에 담습니다.

POINT 단호박은 너무 작게 자르면 녹아 버리니 조심하세요.
전자레인지에 1분 정도 가열하면 자르기 쉬워집니다.

단호박을 넣은 매운맛 채소 카레 23

다양한 색상의 채소가 감칠맛을 더하는 에스닉 스타일 수프.

재료(1인분/도시락통 300㎖)

단호박(씨를 제거한 것) —— 80g
닭고기 가슴살 —— 60g
피망 —— 1/2개
마늘 간 것 —— 약간
두유 —— 50㎖
붉은 고추(씨를 제거한 것) —— 1/2개
식용유 —— 2작은술
카레 루(파우더가 편리) —— 1큰술과 1/2

만드는 방법

1. 단호박은 2cm 크기로 깍둑썰기를 합니다.
피망은 씨를 제거하고 적당하게 썹니다.
닭고기도 한입 크기로 자릅니다.

2. 냄비에 단호박, 식용유, 물 100㎖를 넣은 다음 뚜껑을 닫고 2분 동안 중불로 끓입니다.
뚜껑을 열어 닭고기를 넣은 후 3분 동안 가열합니다.

3. 피망, 마늘 간 것, 카레 루, 붉은 고추, 두유를 넣고 카레 루를 녹이고 나서 도시락통에 담습니다.

단호박과 닭고기를 넣은 납작보리 리소토 24

올망졸망한 모양의 보리가 있어 든든한 한 끼 식사! 금방 만들 수 있는 것도 장점이죠.

재료(1인분/도시락통 300㎖)

단호박(씨를 제거한 것) — 70g
닭고기 가슴살 — 70g
납작보리(건조) — 2큰술
올리브오일 — 1작은술
소금 — 1/3작은술

만드는 방법

1. 단호박은 폭 2㎝ 크기로 자릅니다.
2. 냄비에 올리브오일, 단호박, 물 200㎖를 넣은 다음 닭고기를 위에 올린 다음 뚜껑을 닫고 중불로 5분 동안 끓입니다.
3. 납작보리와 소금을 넣고 끓인 후 도시락통에 담습니다.

깔끔한 맛의 전골을 도시락으로!

일단 이것부터!

배추와 닭고기 납작 완자를 넣은 소금 수프

닭고기 완자를 납작하게 만든 '납작 완자'. 금방 익어서 조리시간이 단축되니까 추천해요. 젓가락을 사용할 수 있다는 점도 좋아요.

재료(1인분/도시락통 300㎖)

배추 —— 대 1장(100g)
다진 닭고기 —— 60g
녹말가루 —— 1/2작은술
생강 간 것 —— 1개 분량
소금 —— 1/3작은술
유자 껍질 —— 약간

만드는 방법

1. 배추는 폭 1㎝로 자릅니다.
볼에 다진 닭고기와 소금 한 꼬집(분량 외), 녹말가루, 생강을 넣고 반죽을 합니다.

2. 냄비에 물 250㎖를 넣고 끓입니다.
①의 고기 반죽을 4~5개씩 나눠서 동글게 빚어 편평하게 만들어서 넣습니다. 약 2분 동안 끓입니다.

3. ①의 배추와 소금을 추가해서 2분간 더 끓인 후 도시락통에 담습니다.
유자 껍질은 랩을 싸서 먹을 때 올립니다.

POINT 다진 고기는 끈적끈적해질 때까지 반죽하면 끓는 물에 넣었을 때 잘 갈라지지 않습니다.

닭고기 납작 완자를 넣은 당면 수프 26

당면이 들어간 든든하고 건강한 레시피.

재료(1인분/도시락통 300㎖)

배추 —— 중 1장(60g)
다진 닭고기 —— 60g
녹말가루 —— 1/2작은술
생강 간 것 —— 1개 분량
건표고버섯 —— 소 1개(100㎖의 물에 담가 불린다)
당면(건조) —— 20g
간장 —— 1작은술
소금 —— 한 꼬집

만드는 방법

1. 배추는 폭 1㎝로 자릅니다. 물에 불린 건표고버섯은 잘게 썹니다. 볼에 다진 닭고기와 소금 한 꼬집(분량 외), 녹말가루, 생강을 넣고 반죽을 합니다.
2. 냄비에 물과 표고버섯을 불린 물을 합쳐서 250㎖를 끓입니다. ①의 고기 반죽을 4~5개로 나눠서 동글게 빚은 다음 편평하게 만들어서 넣습니다. 약 2분 동안 끓인 후 간장과 소금으로 간을 합니다.
3. ①의 배추와 물에 불린 표고버섯을 넣고 2분간 더 끓인 후 마른 당면과 함께 도시락통에 담습니다.

배추와 닭고기 납작 완자를 넣은 토마토 수프

토마토 페이스트와 마늘을 넣었더니 순식간에 서양식 수프로 대변신.

재료(1인분/도시락통 300㎖)

배추 —— 중 1장(60g)
만가닥버섯 —— 30g
다진 닭고기 —— 60g
녹말가루 —— 1/2작은술
토마토 페이스트 —— 1/3큰술
마늘 간 것 —— 약간
소금 —— 1/3작은술

만드는 방법

1. 배추는 폭 1㎝로 자릅니다. 만가닥버섯은 밑동을 자르고 손을 찢어 둡니다. 볼에 다진 닭고기와 소금 한 꼬집(분량 외), 마늘, 녹말가루를 넣고 반죽을 합니다.

2. 냄비에 물 250㎖를 넣고 끓입니다. ①의 고기 반죽을 4~5개로 나눠서 동글게 빚은 다음 편평하게 만들어서 넣습니다. 약 2분 동안 끓인 후 소금으로 간을 합니다.

3. ①의 배추와 만가닥버섯, 토마토 페이스트를 넣어서 끓인 후 도시락통에 담습니다.

깔끔한 소금 간으로 은은한 감칠맛

일단 이것부터!

순무와 참치 캔을 넣은 일본식 수프

순무 1개가 몽땅 다 들어간 채소 한가득 수프.
점심때가 되면 맛이 푹 들어서 더욱 부드러워집니다.

재료(1인분/도시락통 300㎖)
순무 —— 중 1개(100g)
순무 잎 —— 약간
참치 캔 —— 1/2캔(40g)
다시마 —— 3 × 3㎝
소금 —— 1/3작은술
※ 참치 캔이 오일 캔이 아닌 경우에는 식용유를 1작은술 추가한다.

만드는 방법

1. 순무는 껍질을 벗기지 않고 6등분합니다.
순무의 잎은 길이 2㎝로, 다시마는 가위로 자릅니다.

2. 냄비에 순무와 다시마, 소금, 물 200㎖를 넣고 뚜껑을 덮고
중불로 2분 정도 가열합니다.

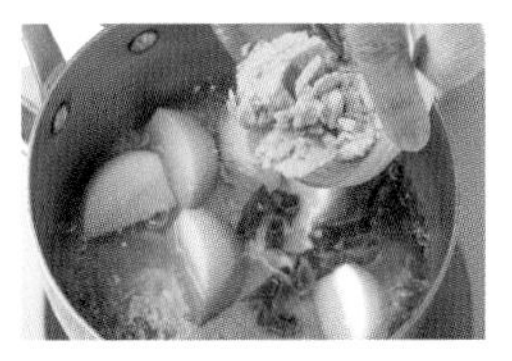

3. 순무는 크기가 제각각입니다.
레시피에서는 6개로 자르지만 큰 것은 8개로, 작은 것은 4개로 자르는 등
순무의 크기에 따라 조절하세요.

POINT 다진 고기는 끈적끈적해질 때까지 반죽하면 끓는 물에 넣었을 때 잘 갈라지지 않습니다.

29

순무와 새우를 넣은 추름 수프

부드러운 순무가 새우의 감칠맛을 잔뜩 흡수한 수프.
걸쭉한 국물이 몸속까지 따뜻하게 데워 줍니다.

재료(1인분/도시락통 300㎖)

순무 —— 중 1개(100g)
순무 잎 —— 약간
껍질 벗긴 새우 —— 40g
생강 간 것 —— 약간
녹말가루 —— 2작은술
소금 —— 한 꼬집
간장(가능하면 연한 맛) —— 1작은술

만드는 방법

1. 순무는 껍질을 벗기지 않고 6등분으로 자릅니다.
   순무의 잎은 잘게 다집니다.
   녹말가루는 동일한 양의 물로 풀어 둡니다.

2. 냄비에 순무와 소금, 물 150㎖를 넣고 뚜껑을 덮고
   중불로 3분 정도 가열합니다.
   새우와 생강을 넣어서 2분 더 끓입니다.

3. 순무의 잎과 간장을 넣은 다음 끓입니다.
   녹말가루를 푼 물을 넣습니다.
   걸쭉해지면 도시락통에 담습니다.

POINT 채소에서 나온 수분으로 덜 걸쭉해질 수 있으므로 약간 빡빡한 느낌으로 만듭니다.

순무와 참치 캔, 무말랭이를 넣은 수프

무말랭이는 물에 불리지 않고 도시락통에 넣고 뜨거운 수프를 담습니다.
무말랭이는 오독오독 씹히는 식감이라 수프를 더욱 맛나게 해요.

재료(1인분/도시락통 300㎖)

순무 —— 중 1개(100g)
참치 캔 —— 1/2캔(40g)
무말랭이 —— 10g
소금 —— 한 꼬집
간장 —— 1/2작은술
검정 깨 —— 약간

※ 참치 캔이 오일 캔이 아닌 경우에는 식용유를 1작은술 추가한다.

만드는 방법

1. 순무는 껍질을 벗기지 않고 6등분합니다.
무말랭이는 물로 씻어서 데운 도시락통에 넣고 뚜껑을 덮어 둡니다.

2. 냄비에 순무와 소금, 간장, 물 200㎖를 넣고 뚜껑을 덮은 다음 중불로 2분 정도 가열합니다.

3. 참치 캔을 넣고 끓입니다.
무말랭이 위에 붓고 검정깨를 뿌립니다.

POINT 무말랭이는 오독오독한 식감만이 아니라 국물 맛을 더 맛있게 해 줍니다.
수프 이외에 미소된장국에도 좋은 식재료랍니다!

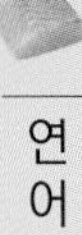

연어와 버터의 향이 식욕을 자극해요

일단 이것부터!

연어와 감자를 넣은 버터 미소된장국

연어와 감자는 궁합이 끝내줘요.
버터와 간장을 사용한 풍미가 좋은 수프랍니다.

재료(1인분/도시락통 300㎖)
연어(생물) —— 소 1조각(껍질 없는 것, 80g)
감자 —— 1개
미소된장 —— 2작은술
생강 간 것 —— 약간
버터 —— 1작은술

만드는 방법

1. 감자는 껍질을 벗기고 6조각으로 자릅니다.
연어는 4등분으로 자릅니다.

2. 냄비에 감자와 물 200㎖를 넣고 뚜껑을 닫은 후 중불로 끓입니다. 3분 후에 연어를 넣고 다시 2분 정도 끓입니다.

3. 미소된장을 넣어서 녹인 다음 가열하고 간장을 넣은 후에 도시락통에 담습니다.
버터를 넣습니다.

POINT 연어는 생물을 사용합니다.
횟감인 무지개송어는 뼈도 없고 다루기도 편해서 편리합니다.

연어와 채소를 넣은 우유 수프 32

파우더를 사용하지 않고 우유만으로 깔끔하게 완성한 수프.
마요네즈를 숨은 맛 도우미로 사용해요.

재료(1인분/도시락통 300㎖)

연어(생물) —— 소 1조각 (껍질 없는 것, 60g)
감자 —— 중 1/2개
양배추 —— 20g
당근 —— 20g
소금 —— 1/4작은술
우유 —— 50㎖
마요네즈 —— 1작은술

만드는 방법

1. 감자는 껍질을 벗기고 반으로 자르고 나서 3~4등분으로 다시 자릅니다. 연어는 4등분합니다.
   당근을 반달 모양으로 자르고 양배추는 먹기 좋은 크기로 자르거나 손을 찢습니다.
2. 냄비에 1과 물 150㎖를 넣고 중불로 3분 동안 끓입니다.
3. 소금과 우유, 마요네즈를 넣고 다시 가열해서 도시락통에 담습니다.

연어와 더우미아오(완두순), 잎새버섯을 넣은 미소된장국

33

연어, 더우미아오, 잎새버섯 등 감칠맛을 내는 식재료를 사용하기 때문에 맛국물을 낼 필요가 없어요.

재료(1인분/도시락통 300㎖)

연어(생물) —— 소 1조각
(껍질 없는 것, 60g)
더우미아오(완두순) —— 1/3 다발
잎새버섯 —— 40g
미소된장 —— 2작은술

만드는 방법

1. 더우미아오는 3㎝ 길이로 대충 자릅니다.
잎새버섯은 밑동을 떼고 껍질을 벗긴 다음 대충 나눕니다.
연어는 2×2㎝ 크기로 자릅니다.

2. 냄비에 연어와 잎새버섯을 넣고 물 200㎖를 넣은 다음 뚜껑을 닫고 3~4분간 끓입니다.

3. 더우미아오와 미소된장을 넣어서 녹인 후 도시락통에 담습니다.

고기가 잔뜩!
밥이랑 같이 먹고 싶어져요

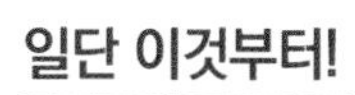

돌돌 돼지고기 수프

얇게 썬 돼지고기는 돌돌 말면 덩어리감이 나오므로 볼륨감도 있습니다.
간단한 돼지고기 수프이므로 취향에 따라 식재료를 늘려 보세요.

재료(1인분/도시락통 300㎖)

감자 —— 3㎝(100g)
돼지고기 슬라이스 —— 3~4장(60~70g)
다발형 실곤약 —— 소 2다발 ※ 일반적인 실곤약이라도 좋아요.
미소된장 —— 1큰술
참기름 —— 1작은술
실파 —— 약간

만드는 방법

1. 무는 껍질을 벗기고 먹기 좋은 크기로 자릅니다. 돼지고기는 1장씩 아무 것도 묻히지 않고 단단하게 돌돌 맙니다.

2. 냄비에 무와 다발형 실곤약을 넣고 돼지고기는 돌돌 만 끝부분이 아래로 가도록 해서 위에 올립니다. 물 100㎖와 참기름을 넣은 후 뚜껑을 닫은 후 중불로 3분간 끓입니다.

3. 물 100㎖를 추가해서 끓이고 나서 미소된장을 넣어서 녹인 후 도시락통에 담습니다. 잘게 썬 실파는 랩에 싸서 먹을 때 넣습니다.

POINT 돼지고기는 깔끔한 맛의 다리 부위, 지방이 적당히 붙은 어깨 부위 로스 등 어느 부위를 사용해도 맛있습니다.

돌돌 돼지고기 카레맛 수프

돼지고기 육수에 카레맛을 더한 수프로 신선한 맛이 특징입니다.
당근, 감자 등 카레와 잘 어울리는 재료를 사용합니다.

재료(1인분/도시락통 300㎖)

돼지고기 슬라이스 —— 3~4장(60~70g)
감자 —— 1/2개
당근 —— 3㎝
미소된장 —— 1큰술
카레 파우더 —— 1/2작은술
식용유 —— 1작은술

만드는 방법

1. 감자는 4등분으로 자릅니다. 당근은 두께 1㎝의 반달 모양으로 자릅니다.
돼지고기는 1장씩 아무 것도 묻히지 않고 단단하게 돌돌 맙니다.

2. 냄비에 감자와 당근을 넣고 돼지고기는 돌돌 만 끝부분이 아래로 가도록 해서 위에 올립니다.
물 100㎖와 식용유를 두르고 뚜껑을 닫은 후 중불로 3분간 찌듯이 가열합니다.

3. 물 100㎖를 추가해서 끓이고 나서 미소된장을 넣어서 녹인 후 카레 파우더를 넣고 도시락통에 담습니다.

POINT 풍미를 살리고 싶으면 미소된장과 카레 파우더를 넣고 나서 오래 끓이지 마세요!

돼지고기와 우엉을 넣은 미소된장 우동

돼지고기 육수에 우동을 넣어서 도시락통 하나로 만족스러운 점심.
사각사각 씹히는 우엉을 넣으면 식감에 리듬감이 생기고 만족도도 올라갑니다.

재료(1인분/도시락통 300㎖)

감자 —— 3㎝(100g)
돼지고기 얇게 썬 것 —— 2~3장(60g)
우엉 —— 5㎝
삶은 우동 —— 1/3개
미소된장 —— 1큰술
참기름 —— 1작은술
고춧가루 —— 약간

만드는 방법

1 우엉은 얇게 어슷썰기 합니다.
돼지고기는 먹기 좋은 크기로 자릅니다.

2 냄비에 우엉과 돼지고기 물 200㎖를 넣고 끓입니다.

3 미소된장을 넣고 참기름과 우동을 넣은 다음 다시 한 번 끓여서 도시락통에 담습니다.
고춧가루는 랩에 싸서 먹을 때 뿌립니다.

POINT 삶은 우동은 굵은 것으로 선택하세요. 면이 가늘면 끊어지기 쉽습니다.

있으면 편리하다! 우수 식재료

채소나 버섯, 생선 등 제철 식재료의 맛이 그대로 수프에 우러납니다. 가능한 한 다른 것을 넣지 않고 최소한의 레시피만으로 맛에 변화를 주거나 메인 식재료의 감칠맛을 살려주는 식재료가 있습니다. 다음에 소개하는 재료는 모두 보존기간이 길어서 오래 보관해 둘 수 있습니다. 평상시 요리에 같이 사용하는 것만으로 수프가 조금 더 새로워집니다. 단시간에 조리했다고는 믿을 수 없을 정도로 완성도 있는 수프를 만들 수 있으니 꼭 활용해 보세요.

믹스 빈즈

사용하기 편한 분량. 폭신한 식감이 포인트. 보관해 두면 편리.

토마토 페이스트

맛이 진해서 소량으로도 깊은 맛을 낼 수 있다. 한 번에 사용할 수 있는 양의 소분 포장 제품은 수프 도시락에 최적!

자차이

소량을 넣는 것만으로 순식간에 중국식 수프로 변신. 소금기가 나므로 넣을 때는 양 조절에 주의.

무말랭이

자극적이지 않은 감칠맛과 오독오독한 식감이 매력. 물에 불리지 않고 수프에 넣기만 해도 조리 가능.

납작보리

뽁뽁 터지는 듯한 식감으로 쌀과는 좀 다른 만족감을 느낄 수 있다. 찹쌀 보리를 사용해도 좋다.

건표고버섯

건조 상태에서 밑동을 떼고 갈아서 넣는다. 슬라이스 상태의 건표고버섯도 편리.

PART 2

봄과 여름의 수프 도시락

새로운 생활로 정신없이 바쁜 봄. 더위와 습기에 힘든 여름.
그럴 때도 아침에 금방 만들어서 한입 먹으면 오후부터 힘낼 수 있을 것 같은 수프 도시락. 깔끔하게 몸을 보양시켜주는 봄과 여름의 식재료로 만든 24종류의 수프를 소개합니다.

양배추를 맘껏 먹을 수 있답니다!

일단 이것부터!

37

양배추와 햄을 넣은 사와 수프

흔한 조합이지만 식초를 약간 더하면 멋스러운 맛으로 대 변신.
햄과 양배추는 잘게 잘라 같이 입에 넣을 수 있도록.

재료(1인분/도시락통 300㎖)

양배추 —— 1/8개(100g)
햄 —— 1~2장(25g)
올리브 오일 —— 2큰술
소금 —— 1/3작은술
식초 —— 1/4작은술
후추 —— 약간

만드는 방법

1. 양배추와 햄은 1×1㎝로 자릅니다.

2. 오목한 프라이팬에 양배추와 올리브 오일, 소금을 넣고 중불로 2분 정도 볶습니다.

3. 햄과 물 150㎖를 넣어서 끓이고 식초와 후추를 추가한 다음 도시락통에 담습니다.

POINT 식초는 마지막에 넣습니다. 너무 많이 넣지 않도록 주의하세요.

양배추와 꽁치 캔을 넣은 중국식 수프

캔이라서 간을 쉽게 맞출 수 있어서 실패할 염려가 절대 없다.
바쁜 아침이라도 슥슥 만들 수 있는 수프입니다.

재료(1인분/도시락통 300㎖)

양배추 —— 대 1개(60g)
꽁치구이 캔 —— 1/2캔(60g)
참기름 —— 2작은술
소금 —— 한 꼬집
식초 —— 1/4작은술

만드는 방법

1. 양배추는 손으로 찢습니다.

2. 냄비에 양배추, 참기름, 소금, 물 1큰술을 넣고 뚜껑을 덮은 다음 중불에서 2분 동안 가열합니다.

3. 물 200㎖와 꽁치구이 캔의 꽁치를 적당히 잘라서 캔의 국물과 같이 넣은 다음 끓이고 나서 식초를 추가한 다음 도시락통에 담습니다.

POINT 간이 확실히 밴 생선 캔이라면 뭐든지 상관없습니다.
생선구이도 캔이 있다는 사실! 아시나요?

양배추와 소시지를 넣은 포토퓌

대표적인 서양식 수프지만 사실 숨은 맛으로 다시마를 사용하고 있다는 사실.
마일드한 감칠맛이 있어서 편안한 맛을 즐길 수 있는 수프랍니다. 물론 조리도 간단.

재료(1인분/도시락통 300㎖)
양배추 —— 대 1개(60g)
감자 —— 중 1/2개
소시지 —— 1개
올리브 오일 —— 2작은술
소금 —— 1/3작은술
다시마 —— 3×3㎝
후추 —— 약간

만드는 방법

1. 양배추는 3~4㎝ 크기로 적당히 자르고 감자는 3등분합니다.
다시마는 가위로 잘게 자릅니다.

2. 냄비에 후추 이외의 모든 재료와 물 200㎖를 넣은 다음 중불에서 5분 동안 가열합니다.
도시락통에 담은 다음 후추를 뿌립니다.

POINT 다시마는 맛국물을 만들 때 너무 많이 넣으면 다시마 냄새가 너무 납니다.
3×3㎝ 정도로도 충분히 맛있는 맛국물을 만들 수 있답니다.

고등어와 토마토를 인상 깊은 미소된장 맛으로

큰 것보다 사용하기 편하고 도시락통에도 딱 좋은 크기!

일단 이것부터!

40

미니토마토와 고등어 캔을 넣은 미소된장 수프

인기가 많은 고등어 캔. 그냥 삶은 것이 아니라 미소된장 조림을 사용하면 좋습니다.
토마토의 산미가 더해져서 담백하게 먹을 수 있습니다.

재료(1인분/도시락통 300㎖)
미니토마토 —— 10개
미소된장 조림 고등어 캔 —— 1/3캔
맛간장 —— 1작은술
후추 —— 약간

만드는 방법

1. 미니토마토는 꼭지를 딴 후 반으로 자릅니다.

2. 냄비에 미니토마토의 자른 면을 아래로 해서 넣은 다음 1분 정도 중불로 가열합니다.
고등어 캔과 물 200㎖, 맛간장을 넣은 다음 끓입니다.

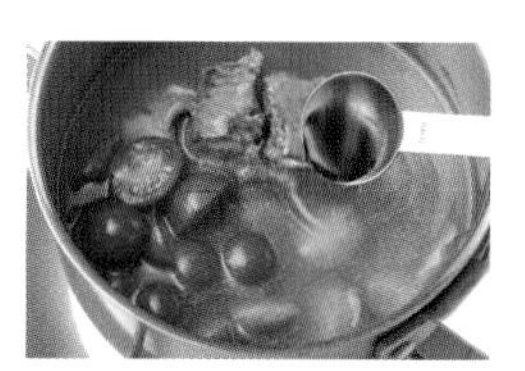

3. 맛간장으로 간을 한 후 후추를 뿌린 다음 도시락통에 담습니다.

POINT 고등어 캔은 먹기 쉽게 잘라 두어도 좋고 통째로 넣어도 좋습니다.

미니토마토와 참치 캔을 넣은 크림 수프

미니토마토+담백한 참치 캔의 조합에 우유를 약간 추가해서
마일드한 깊은 맛과 자극적이지 않은 맛을 더합니다.

재료(1인분/도시락통 300㎖)

미니토마토 —— 8개
참치 캔 —— 1/2캔(40g)
감자 —— 1/2개
우유 —— 2큰술
소금 —— 한 꼬집
올리브 오일 —— 2작은술
후추 —— 약간
파슬리 —— 약간

만드는 방법

1. 미니토마토는 꼭지를 딴 후 반으로 자릅니다.
   감자는 껍질을 까고 4등분으로 자릅니다.

2. 냄비에 미니토마토와 올리브 오일, 소금을 넣고
   수분이 적어질 때까지 3분 정도 끓입니다.

3. 참치 캔과 감자, 물 150㎖, 우유를 넣고 데웁니다.
   소금으로 간을 한 다음 후추를 뿌리고 나서 도시락통에 담습니다.
   파슬리는 랩에 싸서 먹을 때 뿌립니다.

POINT 참치 캔에 소금간이 되어 있으므로 수프에 간을 할 때는 소금을 약간 줄입니다.
마지막으로 간을 보고 나서 조절합니다.

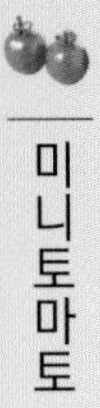

미니토마토와 고등어 캔을 넣은 바질 수프

삶은 고등어 캔을 사용해서 만드는 서양식 수프.
향이 강한 바질을 뿌리면 고등어 냄새가 사라집니다.

재료(1인분/도시락통 300㎖)
미니토마토 —— 3개
가지 —— 1개
삶은 고등어 캔 —— 1/3캔(50g)
바질 잎 —— 3장
소금 —— 1/3작은술
올리브 오일 —— 1큰술

만드는 방법

1. 미니토마토는 꼭지를 딴 후 반으로 자릅니다.
가지는 필러로 껍질을 줄무늬로 깎고 폭 2㎝로 자릅니다.

2. 냄비에 미니토마토와 가지, 올리브 오일, 소금을 넣고 2~3분 볶습니다.
고등어 캔과 물 150㎖를 추가해 끓이고 나서 도시락통에 담습니다.

3. 바질 잎은 랩에 싸서 먹을 때 찢어서 뿌립니다.

POINT 바질 잎은 찢는 순간 향이 강하기 때문에 먹을 때 넣는 것이 좋습니다.

가지가 입안에서 녹아 버려요~

일단 이것부터!

가지와 다진 돼지고기를 넣은 차조기 수프 43

가지를 슬라이스로 자르면 끈적거리는 식감이 되므로 다진 돼지고기와 잘 섞입니다.
차조기의 산뜻한 풍미가 잘 어울립니다.

재료(1인분/도시락통 300㎖)

가지 — 2개
다진 돼지고기 — 50g
차조기 — 3~4장 * 깻잎으로 대체 가능
소금 — 1/3작은술
올리브 오일 — 1큰술

만드는 방법

1. 가지는 껍질을 벗기고 얇게 슬라이스 합니다.
   차조기는 물에 2~3분 담그고 물기를 닦아 둡니다.
2. 냄비에 올리브 오일을 넣어서 달군 후 가지를 넣고 축 처질 때까지 볶습니다.
3. 다진 돼지고기와 차조기, 소금, 물 200㎖를 추가해서 끓으면 도시락통에 담습니다.

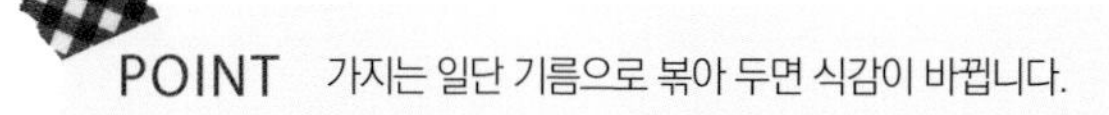

POINT 가지는 일단 기름으로 볶아 두면 식감이 바뀝니다.

마파가지 수프

달게 간을 하고 붉은 고추의 매운 맛을 강조한 마파가지 수프입니다.
가지는 동글동글하게 크게 대충 잘라 씹는 맛을 즐길 수 있게 합니다.

재료(1인분/도시락통 300㎖)

가지 —— 1개
다진 돼지고기 —— 30g
설탕 —— 1작은술
간장 —— 2작은술
녹말가루 —— 2작은술
참기름 —— 1큰술
고추기름 —— 약간
통썰기를 한 붉은 고추 —— 약간

만드는 방법

1. 가지는 꼭지를 따고 대충 자릅니다.

2. 냄비에 참기름을 넣고 중불로 가열하다가 가지를 넣고 가볍게 볶습니다.
그 후 다진 돼지고기와 설탕, 간장, 물 50㎖를 넣은 다음 다진 돼지고기를 풀면서 약 1분간 가열합니다.

3. 물을 100㎖ 더 넣은 후 끓이고 나서 같은 양의 물로 녹인 녹말가루를 넣어서 걸쭉하게 만듭니다.
고추기름과 통썰기를 한 붉은 고추도 넣어 도시락통에 담습니다.

POINT 다진 돼지고기는 약간 덩어리진 상태가 좋습니다.
부슬부슬하게 하고 싶다면 조미료와 다진 돼지고기를 섞고 나서 냄비에 넣습니다.

가지와 돼지고기를 넣은 에스닉 수프

대표적인 식재료도 조미료와 허브를 바꾸는 것만으로 신선한 느낌이 듭니다.
생강과 고수의 향이 수프의 분위기를 바꾸어 줍니다.

재료(1인분/도시락통 300㎖)
가지 —— 2개(130g)
다진 돼지고기 —— 30g
생강 —— 1개
넘플라(생선간장) —— 1작은술
식용유 —— 1큰술
고수 —— 약간

만드는 방법

1. 가지는 필러로 껍질을 줄무늬로 벗기고 폭 2㎝로 자릅니다.
돼지고기는 먹기 좋은 크기로 자릅니다.

2. 냄비에 식용유를 두르고 중불로 가열하다가 가지를 넣고 가볍게 볶습니다.
돼지고기와 생강, 물 50㎖를 넣은 다음 뚜껑을 덮고 2분간 가열합니다.

3. 물을 100㎖ 더 넣은 후 데운 다음 넘플라를 넣고 나서 도시락통에 담습니다.
고수를 랩에 싸서 먹을 때 올립니다.

POINT 가지의 껍질은 약간 남겨 두는 것만으로 가지다운 분위기가 납니다.

도시락통의 뚜껑을 여는 순간
가쓰오부시의 풍미가 확 퍼집니다.

오크라

끈적끈적한 식감이
자꾸만 끌리게 되는
건강 식재료

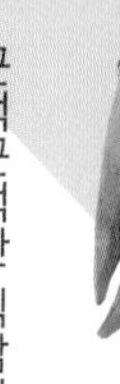

일단 이것부터!

오크라를 넣은 달걀 수프

포트로 쉽게 준비할 수 있는 가쓰오 맛국물을 사용한 수프입니다.
맛국물의 향과 폭신한 달걀이 식욕을 자극합니다.

재료(1인분/도시락통 300㎖)

오크라 —— 5개(50g) * 오이고추, 풋고추, 아삭이고추 등으로도 대체 가능
달걀 —— 1개
가쓰오부시 —— 1팩(3~4g 또는 과립형 맛국물 1/2작은술)
녹말가루 —— 1/2작은술
소금 —— 1/3작은술

만드는 방법

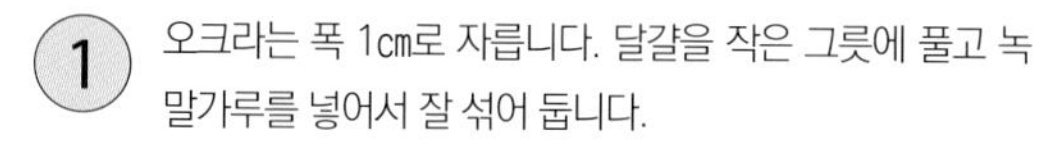

1. 오크라는 폭 1㎝로 자릅니다. 달걀을 작은 그릇에 풀고 녹말가루를 넣어서 잘 섞어 둡니다.

2. 가쓰오부시를 포트에 넣은 후 끓인 물 250㎖를 넣어서 1분 정도 방치합니다. 가쓰오부시가 가라앉으면 냄비에 걸러서 넣은 다음 소금으로 간을 합니다.

3. ②에 오크라를 넣어서 끓이고 푼 달걀을 조금씩 넣습니다. 달걀이 부풀어 오르면 불을 끄고 도시락통에 담습니다.

POINT 달걀에 녹말가루를 조금씩 섞어서 폭신한 식감으로 만듭니다.

오크라를 넣은 참마 수프 47

위에 좋은 식재료의 조합이죠.
소금 다시마를 넣는 것만으로 감칠맛과 간장의 맛이 더욱 진해집니다.

재료(1인분/도시락통 300㎖)

오크라 —— 5개(50g) * 오이고추, 풋고추, 아삭이고추 등으로도 대체 가능
참마 —— 60g
소금 다시마 —— 1큰술
소금 —— 1/3작은술

만드는 방법

1. 오크라는 폭 1㎝로 자릅니다. 참마는 껍질을 벗기고 반으로 자르고 나서 폭 1㎝로 자릅니다.
2. 냄비에 물 200㎖와 오크라, 참마, 소금을 넣고 중불에서 끓입니다.
소금 다시마를 넣은 후 도시락통에 담습니다.

오크라와 닭고기를 넣은 달걀 수프 48

닭고기를 넣기 때문에 맛국물은 필요가 없어요.
흐뭇한 미소를 짓게 되는 볼륨감 있는 수프랍니다.

재료(1인분/도시락통 300㎖)

오크라 —— 5개(50g) * 오이고추, 풋고추, 아삭이고추 등으로도 대체 가능
닭고기(다리부위) —— 40g
달걀 —— 1개
녹말가루 —— 1/3작은술
소금 —— 1/3작은술

만드는 방법

1. 오크라는 어슷하게 절반으로 자릅니다. 닭고기는 작게 자릅니다. 달걀을 작은 그릇에 풀고 녹말가루를 넣어서 잘 섞어 둡니다.
2. 냄비에 물 200㎖와 닭고기를 넣어서 끓인 후 소금으로 간을 합니다.
3. ②에 오크라를 넣어서 끓인 후 푼 달걀을 조금씩 넣고 부풀어 오르면 불을 끄고 도시락통에 담습니다.

서양식 조합을 미소된장이 이어줍니다

독특하고
은은한 쓴맛이
가장 큰 매력

일단 이것부터!

49

피망과 베이컨을 넣은 미소된장국

피망과 베이컨을 미소된장국으로 맛볼까 해요.
피망이 살짝 구워지면 향이 더 좋아지고 맛도 깊어집니다.

재료(1인분/도시락통 300㎖)
피망 —— 2개
베이컨 —— 1~2장
미소된장 —— 1큰술
식용유 —— 1작은술
후추 —— 약간

만드는 방법

1 피망은 반으로 잘라 씨를 제거하고 폭 2㎝로 자릅니다. 베이컨은 폭 3~4㎝으로 자릅니다.

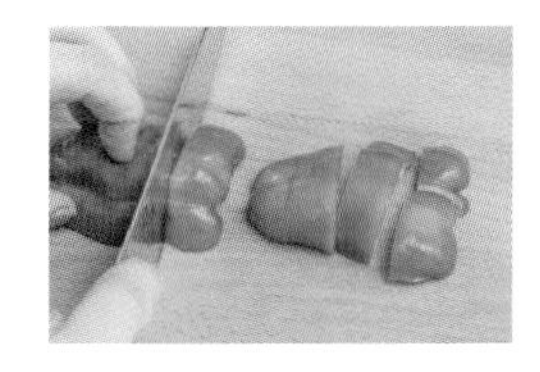

2 냄비에 식용유를 두르고 중불로 달군 후 피망의 양면을 1분씩 굽습니다. 베이컨과 물 200㎖를 넣어서 끓입니다.

3 미소된장을 풀어 넣고 도시락통에 넣은 다음 후추를 뿌립니다.

POINT 베이컨에 소금기가 있기 때문에 간을 보면서 미소된장의 양을 조절합니다.

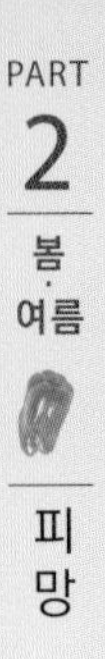

피망과 잔멸치를 넣은 다시마 수프 

피망은 씨도 먹을 수 있어요. 멸치와 다시마로 국물 맛을 더해줍니다.

재료(1인분/도시락통 300㎖)

피망 —— 2개
잔멸치 —— 1큰술(10g)
다시마 —— 3×3㎝
소금 —— 한 꼬집
간장 —— 1작은술
식용유 —— 1작은술

만드는 방법

1. 피망은 씨를 제거하지 않고 반으로 자릅니다.
2. 프라이팬에 기름을 둘러 가열하고 피망을 넣은 후 중불로 겉면 2분, 안쪽 면 1분 정도 굽습니다.
3. 물 200㎖와 다시마, 소금, 간장, 잔멸치를 넣고 끓이고 나서 도시락통에 담습니다.

피망과 자차이를 넣은 매운맛 수프 51

자차이의 감칠맛과 소금을 살린 수프. 칼로리도 낮아서 건강에도 좋아요.

재료(1인분/도시락통 300㎖)

피망 —— 2개
햄 —— 1~2장
자차이 —— 10g
실한천 —— 3g
고추기름 —— 약간
소금 —— 약간

만드는 방법

1. 씨를 제거한 피망과 햄은 두껍게 채썰기를 합니다. 자차이는 먹기 좋은 사이즈로 자릅니다.
2. 냄비에 피망과 햄, 자차이, 물 200㎖를 넣고 중불로 끓입니다. 소금으로 간을 합니다.
3. 실한천을 도시락통에 넣고 ②를 넣습니다. 고추기름을 추가합니다.

POINT 덩어리가 진 자차이는 얇게 저미고 소금기를 뺀 다음 사용합니다.

참기름과 생강이 시너지 효과를 내면서 맛있는 향이 코를 간질여요

청경채

중국음식은
물론이고
일식에도
잘 어울려요

일단 이것부터!

청경채와 순두부를 넣은 사찰식 수프

과식을 계속했다면 이 수프를 먹어요.
산뜻한 소금간이 매력적인 건강 도시락이 되죠.

재료(1인분/도시락통 300㎖)
청경채 —— 1/2다발
두부 —— 60g
생강 —— 1개
소금 —— 1/3작은술
참기름 —— 1/3작은술

만드는 방법

1. 청경채는 세로로 1/4로 자르고 나서 옆으로 3등분합니다. 생강은 채썰기를 합니다. 두부는 손으로 뭉개서 내열용기에 넣고 전자레인지(600W)에 1분 가열한 다음 물기를 뺍니다.

2. 냄비에 모든 재료와 물 200㎖를 넣고 중불로 3~4분간 끓입니다. 끓이고 나서 도시락통에 담습니다.

POINT 청경채는 길이가 제각각이므로 3등분에 얽매이지 말고 수프 도시락통에 들어갈 수 있는 길이로 자릅니다.

청경채와 두부를 넣은 깔끔한 매실 수프 53

매실절임이 맛을 더하는 기름을 사용하지 않는 깊은 맛의 레시피.

재료(1인분/도시락통 300㎖)

청경채 —— 1/2다발
두부 —— 70g
매실절임 —— 1개
다시마 —— 3×3㎝
소금 —— 약간

만드는 방법

1. 청경채는 세로로 절반으로 자르고 나서 옆으로 반을 자릅니다. 두부는 1.5×1.5㎝으로 자르고 전자레인지(600W)에 1분 동안 가열해서 물기를 제거합니다.

2. 냄비에 모든 재료와 소금, 물 200㎖를 넣고 끓입니다. 소금으로 간을 한 후 도시락통에 담습니다.

POINT 매실절임이 다소 짤 수 있으니 소금간은 약간 싱겁게 합니다.

청경채와 닭고기를 넣은 중국식 수프 

풍미가 진한 중국식 수프로 꼬들꼬들한 목이버섯 식감이 재미있어요.

재료(1인분/도시락통 300㎖)

청경채 —— 1다발
닭고기(다리 부위) —— 50g
목이버섯 —— 3장(따뜻한 물에 불린다)
소금 —— 한 꼬집
참기름 —— 1작은술
간장 —— 1/2작은술
녹말가루 —— 2작은술

만드는 방법

1. 청경채는 폭 3㎝로 자릅니다. 닭고기는 한입 크기로 자릅니다.
2. 냄비에 목이버섯, 청경채, 닭고기를 넣고 소금과 참기름, 물 50㎖를 넣고 뚜껑을 덮은 다음 중불에서 3분 동안 찝니다.
3. 물 200㎖를 넣고 끓입니다. 간장으로 간을 하고 물 1큰술로 푼 녹말가루로 걸쭉하게 만든 다음 도시락통에 담습니다.

POINT 시간이 없을 때는 목이버섯을 물에 넣고 전자레인지로 가열합니다.

숟가락으로 떠먹는 즐거움!

버섯

나메코나 팽이버섯은
다듬는 수고도
안 들고 맛도 좋아요

일단 이것부터!

나메코 스위트 콘 수프

나메코와 스위트 콘으로 수프를 만들어 봤어요. 보기에 귀여울 뿐만 아니라 맛도 아주 좋아요. 호지차를 사용하는 것으로 나메코와 캔의 냄새를 제거할 수 있어요.

재료(1인분/도시락통 300㎖)

나메코(버섯) —— 50g
스위트 콘(캔) —— 1개(120g)
소금 —— 한 꼬집
간장 —— 1/2작은술
호지차(또는 티백 보리차) —— 200㎖

만드는 방법

냄비에 나메코와 스위트 콘(물기가 있는 경우에는 체에 밭쳐 물기를 뺀다), 소금을 넣고 호지차를 추가해서 중불로 가열합니다.

2. 끓으면 약불로 3분 동안 더 끓입니다.
간장으로 간을 한 후 도시락통에 담습니다.

POINT 호지차는 음료수용으로 시판된 것을 사용하면 편합니다.
호지차 대신 티백 보리차를 사용해도 됩니다.

56

팽이버섯과 스위트 콘을 넣은 달걀 장국

팽이버섯에서 의외로 감칠맛이 납니다.
달걀을 살짝 풀면 양도 많아지고 색상도 예쁩니다.

재료(1인분/도시락통 300㎖)
팽이버섯 —— 40g
스위트 콘(캔) —— 40g
달걀 —— 1개
소금 —— 1/3작은술
녹말가루 —— 1작은술
참기름 —— 1작은술

만드는 방법

1 팽이버섯은 폭 2㎝로 자릅니다.
달걀은 작은 그릇에 풀고 녹말가루를 추가해서 잘 섞어 둡니다.

2 냄비에 스위트 콘과 팽이버섯, 물 200㎖, 소금을 넣은 후 중불로 끓입니다.

3 달걀을 조금씩 넣습니다.
불을 끄고 참기름을 추가한 다음 도시락통에 담습니다.

POINT 달걀에 녹말가루를 섞어 두면 폭신한 식감을 즐길 수 있습니다.
녹말가루가 뭉치지 않도록 잘 섞습니다.

나메코와 다진 닭고기를 넣은 호지차 리소토

통통한 나메코와 쫄깃쫄깃한 납작보리는 씹는 맛도 좋아요.
식욕이 없을 때라도 먹기 편한 리소토입니다.

재료(1인분/도시락통 300㎖)
나메코(버섯) —— 50g
다진 닭고기 —— 30g
납작보리 —— 2큰술
소금 —— 1/3작은술
간장 —— 약간
호지차(또는 티백 보리차) —— 200㎖
실파(다진 것) —— 약간

만드는 방법

1. 냄비에 나메코와 다진 닭고기, 소금을 넣고 호지차를 추가해서 중불로 가열합니다.
2. 끓으면 약불로 줄여서 다시 3분 동안 끓입니다.
납작보리를 넣습니다.
3. 간장으로 간을 하고 도시락통에 담습니다.
실파는 랩에 싸서 먹을 때 뿌립니다.

POINT 호지차를 보리차로 바꿔도 맛있습니다.

콩이 한가득!

사두면 언제라도 수프를 만들 수 있어요!

일단 이것부터!

58

콩과 미트소스 캔으로 만든 퀵 수프

2종류 캔을 같이 사용한 간단 레시피.
콩이라서 먹고 나면 든든. 그래서 점심에 딱 좋은 수프죠.

재료(1인분/도시락통 300㎖)
콩 믹스캔 —— 1/2캔(50g)
미트소스 캔 —— 1/2캔(150g)
우유 —— 2큰술
후추 —— 약간

만드는 방법

1. 냄비에 콩 믹스 캔과 미트소스, 물 100㎖를 넣고 중불로 끓입니다.

2. 끓으면 우유를 추가하고 후추를 뿌린 다음 불을 끄고 도시락통에 담습니다.

POINT 우유를 조금 넣으면 캔 음식 특유의 냄새도 줄고 이미 만들어진 음식이라는 느낌도 줄어듭니다. 우유를 추가하고 나서는 너무 끓이지 않도록 주의합니다.

콩이 들어간 미네스트로네

콩과 채소가 가득 들어간 건강하고 든든한 수프.

재료(1인분/도시락통 300㎖)

콩 믹스캔 —— 1/2캔(50g)
미트소스 캔 —— 1/2캔(150g)
양배추 —— 50g
당근 —— 30g
우유 —— 2큰술
후추 —— 약간
가루 치즈 —— 1작은술

만드는 방법

1. 양배추는 손으로 찢습니다.
당근은 8㎜로 통썰기를 합니다.

2. 냄비에 1과 물 2큰술(분량 외)을 넣은 다음 중불로 끓입니다.
뚜껑을 덮은 다음 2분 동안 찌듯이 가열합니다.

3. 콩 믹스 캔과 미트소스, 물 100㎖를 추가해서 3분 동안 끓입니다.
우유를 추가한 다음 데우고 후추를 뿌린 다음 도시락통에 담습니다.
가루 치즈를 뿌립니다.

POINT 채소는 가볍게 끓이는 정도로 부피가 줄어서 많이 먹을 수 있습니다.

미트소스 캔으로 만든 토마토 펜네

냄비에 재료를 넣어서 끓이기만 하면 돼요. 엄청 간단한 수프 파스타죠.
부드러운 펜네에 소스가 묻혀서 아주 맛있어요.

재료(1인분/도시락통 300㎖)

미트소스 캔 — 1/2캔(150g)
쇼트 파스타(건조) — 30g
소시지 — 1개
소금 — 약간

만드는 방법

1. 소시지는 한입 크기로 자릅니다.

2. 냄비에 모든 재료와 물 100㎖를 넣어서 중불로 끓인 다음 도시락통에 담습니다.

POINT 펜네 이외의 쇼트 파스타를 사용해도 됩니다.
도시락통에 넣어서 장시간 보온하는 동안 파스타 면이 부드러워지므로 가능한 두께감이 있고 조리시간이 짧지 않은 파스타를 사용하세요.

마치며

"수프 도시락에 관한 책을 써 보지 않겠습니까?"라는 제안을 들었을 때 열심히 일하고 있는 젊은 친구가 떠올랐습니다. 그래서 연락해서 물어봤습니다.

"점심으로 뭐 먹어?" 했더니 항상 스마트폰으로 SNS를 보면서 회사 책상에서 편의점 주먹밥이나 샌드위치를 먹는다고 하더군요.

여러분의 점심시간이 단지 영양과 정보를 효율적으로 취하는 시간이 아니라 '자신을 소중히 대하는 시간'이 되었으면 좋겠다는 생각이 들었습니다. 일도, 집안일도, 사람과의 만남도 누군가를 위해서 쓰는 시간입니다. 가끔 나 자신을 위해 몸과 마음을 살펴보는 시간이 있으면 좋겠다, 점심시간을 그런 시간으로 해도 좋지 않을까, 그런 생각이 들었습니다.

요리에 시간과 품을 투자할 수 없는 사람이라도 수프 도시락이라면 손쉽게 도전해 볼 수 있을 것입니다. 아침에 후다닥 만들어서 도시락통에 담아 두었다가 점심시간에 뚜껑을 열면 그 사이에 숙성되어 감칠맛을 머금은 맛난 수프가 기다리고 있습니다. 직접 만든 간단 수프는 영양소가 풍부해서 몸에도 좋지만 따뜻한 요리를 먹으면 왠지 소중하게 대접받고 있다는 느낌이 들어 마음도 건강해진답니다. 먹으면서 힐링이 되는 거죠.

파란 하늘 아래 공원에서 먹는 것처럼 수프와 함께 하는 점심시간이 열심히 사는 이들에게 잠시 마음을 쉬어가는 시간이 된다면 참 좋겠습니다.

2019년 10월

아리가 카오루

쉽고 간편한 수프 레시피 60가지

10분 완성
수프 도시락

초판1쇄 2020년 11월 25일 **지은이** 아리가 카오루 **옮김** 이은정 **펴낸이** 한효정 **편집교정** 김정민 **기획** 박자연, 강문희 **디자인** 화목, 이선희 **마케팅** 유인철, 김수하 **펴낸곳** 도서출판 푸른향기 **출판등록** 2004년 9월 16일 제 320-2004-54호 **주소** 서울 영등포구 선유로 43가길 24 104-1002 (07210) **이메일** prunbook@naver.com **전화번호** 02-2671-5663 **팩스** 02-2671-5662
홈페이지 prunbook.com | facebook.com/prunbook | instagram.com/prunbook

ISBN 978-89-6782-126-5 13590

값 15,500원

이 도서의 국립중앙도서관 출판예정도서목록(CIP)은 서지정보유통지원시스템 홈페이지(http://seoji.nl.go.kr)와 국가자료공동목록시스템(http://www.nl.go.kr/kolisnet)에서 이용하실 수 있습니다.
CIP제어번호 : CIP2020045344